AF297917

4°S
3184

V OICI la ferme, couverte de grands toits de chaume,
allongée à l'abri des arbres feuillus.

De bonne heure le coq chante,
c'est le signal du réveil pour tous.
    La basse-cour est en émoi.
    Voilà la fermière qui apporte le grain
pour le repas du matin.

POULES, dindons, canards, pigeons,
chacun se dépêche.
C'est celui qui mangera le plus vite
qui aura la meilleure part.

LES garçons de la ferme sortent leurs chevaux,
les harnachent et les conduisent au travail.

AVANT de manger leur avoine du matin,
les chevaux passent à l'abreuvoir,
et se délectent à l'eau claire de la fontaine.

VITE on attèle les chevaux aux tombereaux et aux charrues, pour aller dans les champs ou à la ville voisine.

LES lourdes fourragères, attelées de plusieurs chevaux,
vont chercher la récolte dans les champs.

DANS le jardin potager, si, à la saison propice,
on a convenablement retourné la terre,
bêché, biné, ratissé, planté, arrosé.....

... on recueille aux beaux jours les fruits de son travail :
merveilleux légumes, grosses citrouilles, tendres salades...

LA charrue, tirée par quatre bœufs puissants et massifs,
creuse de longs sillons où l'on sèmera le grain.

EN été, on cueille dans le verger les cerises vermeilles,
avec lesquelles on fera d'excellentes tartes.

Les enfants goûtent avec délices les succulentes fraises
qui feront de si bonnes confitures.

LE berger, aidé de son fidèle chien, rassemble le troupeau bêlant
et s'en va dans la prairie.

LES moutons se suivent les uns les autres en se pressant, en se bousculant, et quelques chèvres, peu dociles, gambadent autour du troupeau.

LA laitière, assise sur un petit tabouret, trait la vache docile, et le lait mousseux coule abondant dans de grands seaux.

LES jeunes veaux, inoffensifs et paisibles, jouent tranquillement en revenant à l'étable.

LEVÉS de bon matin, tout le jour durant,
les robustes faucheurs coupent et coupent les blés
que des femmes ramassent derrière eux.

LES épis sont mis en gerbes, et les gerbes forment
les meules, à moins que l'on ne préfère rentrer toute
la moisson dans les granges, où elle attendra
le battage de l'hiver.

LA journée bien remplie s'achève paisiblement.
On rentre à la ferme, où un solide repas
attend les travailleurs.

www.ingramcontent.com/pod-product-compliance
Ingram Content Group UK Ltd.
Pitfield, Milton Keynes, MK11 3LW, UK
UKHW022241070726
13613UKWH00005B/2058